学习

Eureka Math®
四年级
模块3

Great Minds PBC is the creator of Eureka Math®,
Wit & Wisdom®, Alexandria Plan™, and PhD Science™.

Published by Great Minds PBC. greatminds.org

Copyright © 2020 Great Minds PBC. All rights reserved. No part of this work may be reproduced or used in any form or by any means—graphic, electronic, or mechanical, including photocopying or information storage and retrieval systems—without written permission from the copyright holder.

ISBN 978-1-64929-273-5

1 2 3 4 5 6 7 8 9 10 XXX 25 24 23 22 21 20

Printed in the USA

学习•练习•成功

Eureka Math® 的教材 *A Story of Units*®（幼儿园到 5 年级）可以在学习、练习、成功三合一课程中取得。本系列支持差异学习和辅导，同时保持学生教材条理清晰且易于使用。教师会发现学习、练习 和成功系列还具备连贯性的介入响应模式（Response to Intervention / RTI），因此学习效率更高，并提供额外练习和夏季《学习》资源。

学习

Eureka Math 学习可作为学生展示自己的想法、分享知识、帮助学生每天累积知识的课堂伙伴。
《学习》通过方便存放和浏览的书册集合了每日的课堂作业—应用题、课堂反馈条、习题集和模版。

练习

每堂 *Eureka Math* 课程从一系列充满活力、欢乐的熟练度活动开始进行，包括 *Eureka Math* 练习的内容。数学好的学生可以更深入地掌握更多教材。通过练习，学生将掌握新习得的技能，并加强以前的学习，为下一堂课做准备。

《学习》和《练习》提供学生用于核心数学教学所需的所有印刷教材。

成功

Eureka Math《成功》让学生可以独自学习并精通内容。每一课的额外习题集都与课堂的教学一致，因此非常适合当作家庭作业或额外练习。每个习题集都伴随一个家庭作业助手。家庭作业助手是一组说明如何解决类似习题的练习例题。

老师和导师可以使用前一年的《成功》课本作为课程一致性的工具，以填补基础知识的落差。利用熟悉的模式促进与当前年级内容的联结，学生将能快速进步，快速成长。

学生、家长和教师：

谢谢您加入 *Eureka Math*® 社区，我们在此赞扬数学带来的乐趣、美好和震撼。

通过丰富的经验和对话，*Eureka Math* 会带来学习的新启发。课本将学生所需的提示和问题顺序交到他们的手中，以展现并巩固他们在课堂里的学习。

课本的内容有哪些？

应用题： 解决现实世界脉络的问题是 *Eureka Math* 教学的重要部分。学生在各种全新的情况下运用他们的知识，可建立信心和毅力。本课程鼓励学生使用 RDW 流程——阅读习题，画图以理解习题，并写出算式和解题方法。教师会帮助学生跟同学分享他们的作业并互相解释自己的解题策略。

习题集： 精心安排的习题集让学生有机会能在课堂上进行独立作业，并提供多种不同的切入点。老师可以使用"准备和定制"流程为每个学生选择"必须做"的题目。某些学生会比其他同学完成更多题目；重要的是，通过老师稍微的提点，所有学生都有 10 分钟的时间立即练习所学过的内容。

学生将习题集带到每堂课的高峰点——学生汇报。在此学生会与同学和老师进行反思，说明并强化他们当天有疑问、与他们最近在学习上发现的事情。

课堂反馈条： 学生通过每日的课堂反馈条向老师展示他们的知识。这项帮助教师检查看学生的理解如何，进而为下一次的教学重点提供重要的洞见。

模板： 有时，"应用题"、"习题集"或其他课堂活动要求学生拥有自己的图片副本、可重复使用的模型或数据集。这些模版会在第一堂课提供。

哪里可以找到更多 Eureka Math 的资源？

Great Minds® 团队致力于通过不断扩充的资源库为学生、家长和教师提供强有力的支持。请访问：eureka-math.org。此网站还提供了一些*Eureka Math*社区令人振奋的成功案例。通过成为 *Eureka Math* 的优胜者，与其他用户分享您的见解和成就。

祝福您一整年都充满着灵光乍现的时刻！

吉尔·迪尼兹（Jill Diniz）
数学总监
Great Minds

读–画–写流程

Eureka Math 课程让老师通过简单且可重复的教学流程帮助学生解决问题。读–画–写（RDW）流程要求学生

1. 阅读习题。
2. 画图与标记。
3. 写出算式。
4. 写出句子（陈述）。

本课程鼓励教师加入以下问题来加强教学流程，例如：

- 你看到了什么？
- 你能画点东西吗？
- 你可以从图画中得出什么结论？

通过这种系统性与开放性的方法，学生参与习题推理的程度越深，他们就越能将思考过程内化吸收，并且在未来更能直觉性地利用这些技能。

内容

模块3：多位数乘法和除法

主题A：乘法比较文字题

第一课 1

第二课 7

第三课 15

主题B：分别乘以10,100和1,000

第四课 19

第五课 27

第六课 33

主题C：最多四位数乘以个位数字

第七课 41

第八课 49

第九课 57

第十课 65

第十一课 71

主题D：乘法文字题

第十二课 79

第十三课 83

主题E：十位和个位含余数的除法

第十四课 87

第十五课 93

第十六课 99

第十七课 107

第十八课 115

第十九课 121

第二十课 129

第二十一课 135

主题F：可除性推理

　　第二十二课 143

　　第二十三课 149

　　第二十四课 155

　　第二十五课 161

主题G：千位数、百位数、十位数和个位数的除法

　　第二十六课 165

　　第二十七课 175

　　第二十八课 183

　　第二十九课 191

　　第三十课 199

　　第三十一课 207

　　第三十二课 213

　　第三十三课 219

主题H：两位数乘以两位数的乘法

　　第三十四课 225

　　第三十五课 231

　　第三十六课 237

　　第三十七课 243

　　第三十八课 249

姓名 _____ 日期 _____

1. 算出矩形A和B的周长和面积。

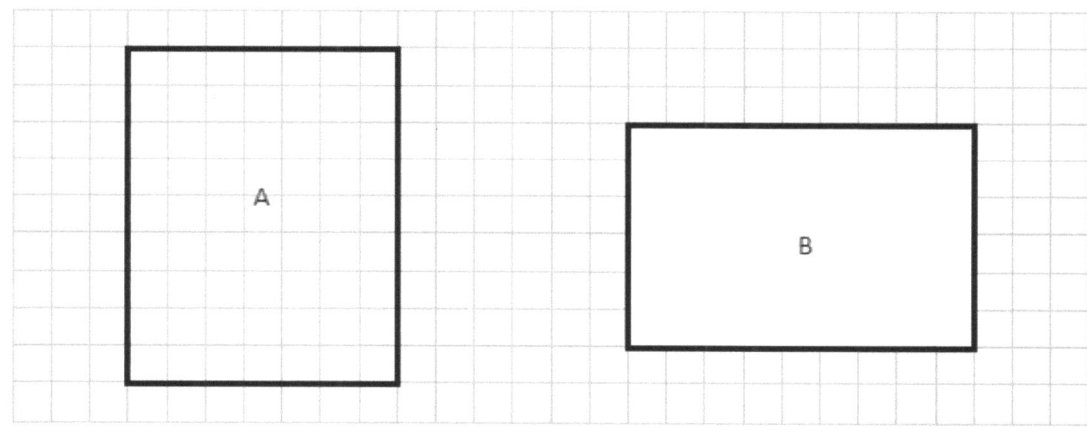

    a. A = _____　　　　　　　　　A = _____

    b. P = _____　　　　　　　　　P = _____

2. 算出每个矩形的周长和面积。

   a.

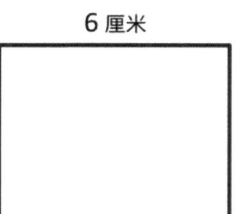

    P = _____

    A = _____

   b.

    P = _____

    A = _____

第一课：　　研究并使用矩形面积和周长公式。

3. 算出每个矩形的周长。

   a.

   166 米

   99 米

   P = _____

   b.
   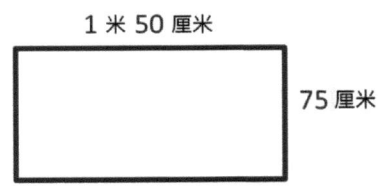

   P = _____

4. 已知矩形的面积，求出未知的边长。

   a.
   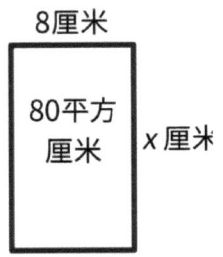

   X = _____

   b.
   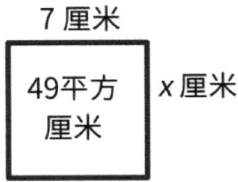

   X = _____

5. 已知矩形的周长，求出未知的边长。

   a. P = 120厘米

   20 厘米

   x 厘米

   x = _____

   b. P = 1,000米

   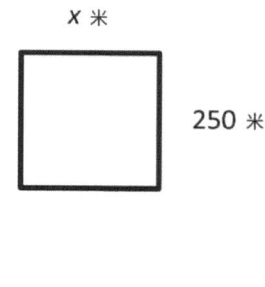

   x 米

   250 米

   x = _____

6. 以下每个矩形都有整数边长。已知面积和周长，求出长度和宽度。

   a. P = 20厘米

   l = _____

   24平方厘米

   w = _____

   b. P = 28米

   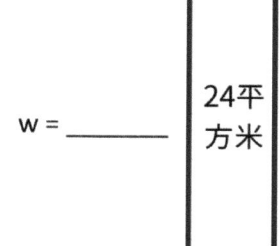

   w = _____

   24平方米

   l = _____

姓名 _____   日期 _____

1. 算出矩形的面积和周长。

2. 算出矩形的周长。

汤米的父亲正在教他如何用瓷砖铺设桌子。汤米做了一张小桌子，宽3英尺，长4英尺。他需要多少平方英尺的瓷砖才能覆盖桌面？他的父亲需要用几英尺的装饰性镶边材料覆盖桌子的边缘？

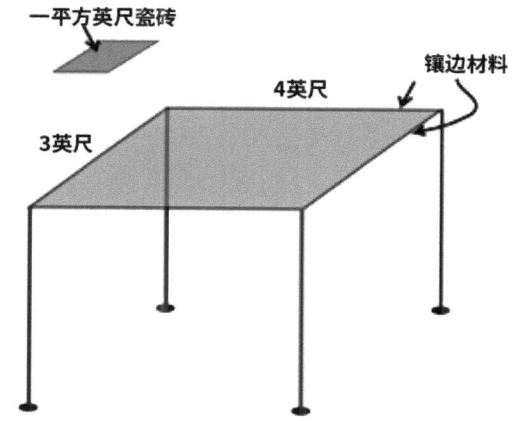

扩展： 汤米的父亲正在做一张桌子，桌子长6英尺，宽8英尺。将两个桌子放在一起时，总面积是多少？

_____

_____

_____

_____

阅读　　　　绘画　　　　编写

姓名 _____ 日期 _____

1. 一个矩形的门廊是4英尺宽，但长度是宽度的3倍。

   a. 用门廊的尺寸标注图表。

   b. 求出门廊的周长。

2. 一个狭长的矩形横幅宽5英寸，但长度是宽度的6倍。

   a. 绘制横幅图表，并标注其尺寸。

   b. 求出横幅的周长和面积。

3. 矩形的面积为42平方厘米，且长度是7厘米。

   a. 矩形的宽度是多少？

   b. 查理想要绘制第二个矩形，该矩形的长度相同，但宽度是其三倍。绘制并标记查理的第二个矩形。

   c. 查理第二个矩形的周长是多少？

4. 贝琪的矩形沙箱面积为20平方英尺。较长的边长5英尺。公园的沙箱是贝蒂的沙箱的两倍长，宽度是贝琪的两倍。

   a. 绘制并标记贝琪的沙箱图表，瞎周长是多少？

   b. 绘制并标记公园的沙箱图表，瞎周长是多少？

   c. 这两个周长之间是什么关系？

   d. 使用公式求出公园沙箱的面积：$A = l \times w$。

e. 公园的沙箱面积是贝琪沙箱的多少倍？

f. 比较两个沙箱周长与面积的变化。使用文字，图片或数字来写你的答案。

单位的故事　　　　　　　　　　　　　　　　　　　　　　第二课课堂反馈条　4•3

姓名 _____　　日期 _____

1. 桌子是2英尺宽，旦长度是宽度的6倍。

   a. 用表格的尺寸标注图表。

   b. 求出桌子的周长。

2. 毯子宽4英尺，长度是宽度的3倍。

   a. 绘制毯子图表，并标注其尺寸。

   b. 求出毯子的周长和面积。

第二课：　　通过应用面积和周长公式来解求解法比较文字题。

13

Copyright © Great Minds PBC

姓名 _____ 日期 _____

求解以下习题。使用图片,数字或文字来说明你的解题方法。

1. 学校礼堂的矩形投影屏幕的长度是图书馆矩形屏幕的5倍,宽的5倍。图书馆的屏幕长4英尺,周长14英尺。礼堂的屏幕周长是多少?

2. 大卫的矩形帐篷的宽度为5英尺。长度是宽度的两倍。大卫的矩形充气床垫尺寸为3英尺x 6英尺。如果大卫将充气床垫放在帐篷中,有多少平方英尺剩余的地面空间可用于他的其他物品?

3. 杰克逊的矩形卧室面积为90平方英尺。他卧室的面积是他的矩形壁橱的9倍。如果壁橱宽2英尺，那么壁橱有多长？

4. 矩形甲板的长度是其宽度的4倍。如果甲板的周长是30英尺，那么甲板的面积是多少？

姓名 _____ 日期 _____

求解以下习题。使用图片，数字或文字来说明你的解题方法。

矩形海报的长度是宽度的3倍。矩形横幅的长度是宽度的5倍。横幅和海报的周长均为24英寸。海报和横幅的长度和宽度各是多少？

萨曼莎每周得到3美元的津贴。她每周做保姆额外可以赚30美元。萨曼莎在四个星期内一共能赚多少钱？有多少钱？

阅读　　　　绘画　　　　编写

姓名 _____   日期 _____

例题：

5 × 10 = __50__

5个一 × 10 = __5__ __个十__

如图所示绘制位磁盘和箭头代表每个乘积。

千位数	百位数	十位数	个位数
			⬤⬤⬤⬤⬤
		⬤⬤⬤⬤⬤	

（×10）

1. 5 × 100 = _____

   5 × 10 × 10 = _____

   5个一 × 100 = ____ _____

千位数	百位数	十位数	个位数

2. 5 × 1,000 = _____

   5 × 10 × 10 × 10 = _____

   5个一 × 1,000 = ____ _____

千位数	百位数	十位数	个位数

3. 在以下方程式中填空。

   a. 6 × 10 = _____

   b. _____ × 6 = 600

   c. 6,000 = _____ × 1,000

   d. 10 × 4 = _____

   e. 4 × _____ = 400

   f. _____ × 4 = 4,000

   g. 1,000 × 9 = _____

   h. _____ = 10 × 9

   i. 900 = _____ × 100

第四课： 当以阵列和数字乘以10,100和1,000时，解释并表示模式。

绘制位值磁盘和箭头来代表每个乘积。

4. 12 × 10 = _____

   （1个十2个一）× 10 = _____

千位数	百位数	十位数	个位数

5. 18 × 100 = _____

   18 × 10 × 10 = _____

   （1个十8个一）× 100 = _____

千位数	百位数	十位数	个位数

6. 25 × 1,000 = _____

   25 × 10 × 10 × 10 = _____

   （2个十5个一）× 1,000 = _____

万位数	千位数	百位数	十位数	个位数

在相乘之前分解10,100或1,000的每个倍数。

7. 3 × 40 = 3 × 4 × ____

   = 12 × _____

   = _____

8. 3 × 200 = 3 × _____ × _____

   = _____ × _____

   = _____

9. 4 × 4,000 = ____ × ____ × _____

   = ____ × _____

   = _____

10. 5 × 4,000 = ____ × ____ × _____

    = ____ × _____

    = _____

姓名 _____ 日期_____

在以下方程式中填空。

a. 5 × 10 = _____

b. _____ × 5 = 500

c. 5,000 = _____ × 1000

d. 10 × 2 = _____

e. _____ × 20 = 2,000

f. 2,000 = 10 × _____

g. 100 × 18 = _____

h. _____ = 10 × 32

i. 4,800 = _____ × 100

j. 60 × 4 = _____

k. 5 × 600 = _____

l. 8,000 × 5 = _____

千位数	百位数	十位数	个位数

千位数位值图表

第四课： 当以阵列和数字乘以10,100和1,000时,解释并表示模式。

姓名 _____ 日期 _____

绘制位值磁盘以表示以下表达式的值。

1. 2 × 3 = _____

   2乘以个一是个一。

千位数	百位数	十位数	个位数

   $$\begin{array}{r} 3 \\ \times\ 2 \\ \hline \end{array}$$

2. 2 × 30 = _____

   2乘以个十_____。

千位数	百位数	十位数	个位数

   $$\begin{array}{r} 30 \\ \times\ 2 \\ \hline \end{array}$$

3. 2 × 300 = _____

   2乘以是_____。

千位数	百位数	十位数	个位数

   $$\begin{array}{r} 300 \\ \times\ 2 \\ \hline \end{array}$$

4. 2 × 3,000 = _____

   乘以是_____。

千位数	百位数	十位数	个位数

   $$\begin{array}{r} 3{,}000 \\ \times\ 2 \\ \hline \end{array}$$

第五课: 将10，100和1,000的倍数乘以一位数，从而识别出模式。

5. 求出乘积。

a. 20 × 7	b. 3 × 60	c. 3 × 400	d. 2 × 800
e. 7 × 30	f. 60 × 6	g. 400 × 4	h. 4 × 8,000
i. 5 × 30	j. 5 × 60	k. 5 × 400	l. 8,000 × 5

6. 布莉安娜买了3包气球参加派对。每包有60个气球。布莉安娜有几个气球？

7. 乔丹的棒球卡数量是他哥哥的二十倍。他的哥哥有9张卡。乔丹有多少张棒球卡？

8. 水族馆里一个鱼缸里养的鱼是雅各布的30倍。水族馆有90条鱼。雅各布有几条鱼？

姓名 _____ 日期 _____

绘制位值磁盘以表示以下表达式的值。

1. 4 × 200 = _____

   4乘以是 _____。

千位数	百位数	十位数	个位数

   $$\begin{array}{r} 200 \\ \times4 \\ \hline \end{array}$$

2. 4 × 2,000 = _____

   _____ 乘以是 _____。

千位数	百位数	十位数	个位数

   $$\begin{array}{r} 2{,}000 \\ \times4 \\ \hline \end{array}$$

3. 求出乘积。

a. 30 × 3	b. 8 × 20	c. 6 × 400	d. 2 × 900
e. 8 × 80	f. 30 × 4	g. 500 × 6	h. 8 × 5,000

4. 邦妮工作30天，每天工作7个小时。她一共工作几个小时？

帕克小学有400个孩子。帕克高中的学生人数是小学的4倍。

a. 两所学校一共有多少学生？

b. 莱恩高中的学生是帕克小学的5倍。莱恩高中的学生比帕克高中多了多少？

阅读   绘画   编写

姓名 _____   日期_____

通过在位值图表中绘制磁盘来表示以下习题。

1. 求解 20 × 40

   (2个十 × 4) × 10 = _____

   20 × (4 × 10) = _____

   20 × 40 = _____

百位数	十位数	个位数

2. 画一个面积模型代表 20 × 40

   2个十 × 4个十 = _____ _____

3. 绘制一个面积模型代表 30 × 40。

   3个十 × 4个十 = _____ _____

   30 × 40 = _____

第六课： 用面积模型将10的两位数倍数乘以10的两位数倍数。

4. 画一个面积模型代表 20 × 50

2个十 × 5个十 = _____ _____

20 × 50 = _____

用单位形式重写每个方程并求解。

5. 20 × 20 = _____

    2个十 × 2个十 = _____ 个一百

6. 60 × 20 = _____

    6个十 × 2 _____ = _____ 个一百

7. 70 × 20 = _____

    _____ 个十 × _____ 个十 = 14 _____

8. 70 × 30 = _____

    ____ _____ × ___ _____ = ____ 个一百

9. 如果每排有40个座位，那么90排有多少个座位？

10. 一张交响乐演出的门票是50美元。如果卖出80张票，一共会赚多少钱？

单位的故事　　　　　　　　　　　　　　　　　　　　　　第六课课堂反馈条　4•3

姓名 _____　　　日期 _____

通过在位值图表中绘制磁盘来表示以下习题。

1. 求解 20 × 30，思考

　　（2个十 × 3）× 10 = _____
　　20 × (3 × 10) = _____
　　20 × 30 = _____

百位数	十位数	个位数

2. 画一个面积模型代表 20 × 30

　　　　2个十 × 3个十 = _____ _____

3. 埃洛伊每天晚上都会阅读40页。在11月的30天内，她晚上总共看了多少页？

第六课：　　用面积模型将10的两位数倍数乘以10的两位数倍数。　　　　39

篮球队出售的T恤每件$9。星期一，他们卖了4件T恤。星期二，他们卖出的T恤是星期一的5倍。星期一和星期二球队总共赚了多少钱？

_____

_____

_____

阅读　　　　绘画　　　　编写

第七课：　　使用位值磁盘表示两位数乘以一位数的乘法。

姓名 _____   日期 _____

1. 如下所示，用磁盘表示以下表达式，根据需要进行重新组合，编写合适的表达式，并垂直记录部分乘积。

   a. 1个 × 43

十位数	个位数
• • • •	• • •

   $$\begin{array}{r} 4\,3 \\ \times\quad 1 \\ \hline 3 \\ +\ 4\,0 \\ \hline 4\,3 \end{array}$$

   → 1 × 3个一
   → 1 × 4个十

   b. 2 × 43

十位数	个位数

   c. 3 × 43

百位数	十位数	个位数

第七课： 使用位值磁盘表示两位数乘以一位数的乘法。

d. 4 × 43

百位数	十位数	个位数

2. 用磁盘代表以下表达式，并根据需要重新分组。在右侧，垂直记录部分乘积。

   a. 2 × 36

百位数	十位数	个位数

   b. 3 × 61

百位数	十位数	个位数

   c. 4 × 84

百位数	十位数	个位数

单位的故事　　　　　　　　　　　　　　　　　　　　　第七课课堂反馈条　4•3

姓名 _____　　　日期 _____

用磁盘代表以下表达式，并根据需要重新分组。在右侧，垂直记录部分乘积。

1. 6 × 41

百位数	十位数	个位数

2. 7 × 31

百位数	十位数	个位数

第七课：　使用位值磁盘表示两位数乘以一位数的乘法。

单位的故事　　　　　　　　　　　　　　　　　　　　　　　　第七课模板　4•3

万位数	千位数	百位数	十位数	个位数
	,			

万位数位值图表

第七课：　　使用位值磁盘表示两位数乘以一位数的乘法。

安德烈买了一张邮票寄信件。邮票价格为46美分。安德烈还寄了一个包裹。邮寄包裹的邮资是邮票成本的5倍。邮寄包裹和信件需要多少钱？

阅读　　　　绘画　　　　编写

姓名 _____   日期_____

1. 如下所示，用磁盘表示以下表达式，根据需要重新分配组合，编写合适的表达式，并垂直记录部分乘积。

   a. 1 × 213

百位数	十位数	个位数

   ```
        2   1   3
     ×          1
     ─────────────
                    → 1 × 3 个一
                    → 1 × 1 个十
     +              → 1 × 2 个一百
     ─────────────
   ```

   1 × ___ 百位数 + 1 × ___ 十 + 1 × ___ 个位数

   b. 2 × 213

百位数	十位数	个位数

   c. 3 × 214

百位数	十位数	个位数

第八课： 扩展位值磁盘的使用，以表示三位数和四位数乘以一位数的乘法。

d. 3 × 1,254

千位数	百位数	十位数	个位数

2. 使用上课间显示的任何一种方法，用磁盘表示以下表达式，并重新分组。在右侧，垂直记录部分乘积。

   a. 3 × 212

   b. 2 × 4,036

c. 3 × 2,546

d. 3 × 1,407

3. 辛迪每天在百吉饼工厂生产5种不同的百吉饼。如果她每种制作144块,她制作的百吉饼总数是多少?

姓名 _____ 日期 _____

用磁盘代表以下表达式,并重新分组。在右侧,垂直记录部分乘积。

1. 4 × 513

2. 3 × 1,054

如果每个纸盒包含236毫升牛奶，请计算三个纸盒中的牛奶总量。

阅读　　　　　绘画　　　　　编写

姓名 _____   日期 _____

1. 使用每种方法求解。

   a.
部分乘积	标准算法
3 4 × 4	3 4 × 4

   b.
部分乘积	标准算法
2 2 4 × 3	2 2 4 × 3

2. 使用标准算法解题。

   a.　　2 5 1
   　　× 　　3

   b.　　1 3 5
   　　× 　　6

   c.　　3 0 4
   　　× 　　9

   d.　　4 0 5
   　　× 　　4

   e.　　3 1 6
   　　× 　　5

   f.　　3 9 2
   　　× 　　6

3. 7和86的乘积是_____。

4. 457的9倍是_____。

5. Jashawn想要制作5个飞机螺旋桨。每个螺旋桨需要18厘米的木材。他将使用几厘米的木材？

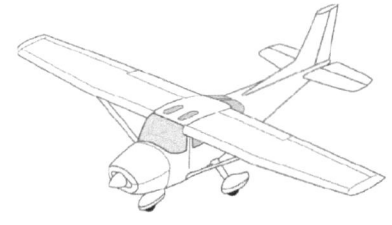

6. 一个游戏系统价格238美元。4个游戏系统的价格总共多少钱?

7. 一小袋薯条重48克。大袋薯片的重量是小袋的三倍。7大袋薯条重多少?

姓名 _____   日期 _____

1. 使用标准算法求解。

   a.

   　　　6　0　8
   　×　　　　9
   _____

   b.

   　　　5　7　4
   　×　　　　7
   _____

2. 摩根今年23岁。摩根爷爷的年龄是她的四倍。她的爷爷多大了？

校长想给每个学生买八支铅笔。如果有859名学生,校长需要买多少支铅笔?

_____

_____

_____

阅读　　　　绘画　　　　编写

姓名 _____ 日期 _____

1. 使用标准算法求解。

a. 3 × 42	b. 6 × 42
c. 6 × 431	d. 3 × 431
e. 3 × 6,212	f. 3 × 3,106
g. 4 × 4,309	h. 4 × 8,618

第十课： 应用标准算法，将三位数和四位数乘以一位数。

2. 平年共有365天。3个平年一共多少天？

3. 正方形城市街区的一边长度为462米。街区的周长有多长？

4. 杰克跑了2英里。杰西跑了四倍的距离。一英里有5,280英尺。杰西跑了多少英尺？

姓名 _____   日期 _____

1. 使用标准算法求解。

a. $2{,}348 \times 6$	b. $1{,}679 \times 7$

2. 一位农民种了四行向日葵。每行有1,205株植物。他种了多少向日葵？

为每个矩形的面积写一个方程式。然后，求出两个面积的和。

```
        30         4
  ┌──────────────┐ ┌──┐
8 │              │ │  │
  └──────────────┘ └──┘
```

扩展： 寻找一种快速地求出合并矩形面积的方法。

_____

_____

_____

阅读　　　　　绘画　　　　　编写

姓名 _____   日期 _____

1. 使用标准算法,部分乘积方法和面积模型来求解以下表达式。

a. 425 × 4

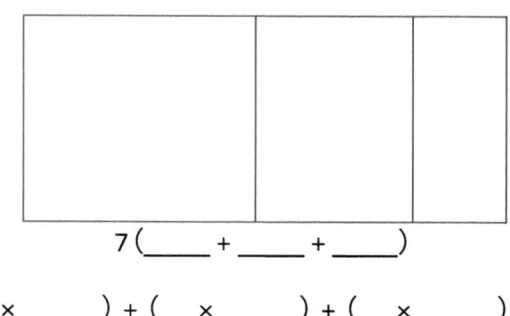

4(400 + 20 + 5)

(4 × ____) + (4 × ____) + (4 × ____)

b. 534 × 7

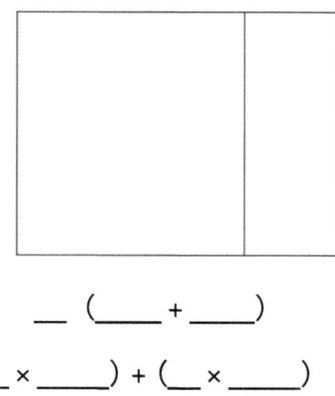

7(____ + ____ + ____)

(__ × ____) + (__ × ____) + (__ × ____)

c. 209 × 8

__ (____ + ____)

(__ × ____) + (__ × ____)

第十一课: 将面积模型和部分乘积方法连接到标准算法。

2. 使用部分乘积方法求解。

凯拉的学校有258名学生。珍妮特的学校的学生是凯拉的3倍。珍妮特的学校有多少个学生？

3. 用带形图建模并求解。

467的4倍

使用标准算法，面积模型，分配律或部分乘积方法求解。

4. $5,131 \times 7$

5. 2,805的3倍

6. 一家餐厅每月出售1725磅意大利面和925磅扁面。9个月后，这家餐厅一共卖了多少磅面食？

姓名 _____ 日期 _____

1. 使用标准算法，面积模型，分配律或部分乘积方法求解。

   $2,809 \times 4$

2. 每月校报一共9页。史密斯老师需要打印675份。总打印页数是多少？

姓名 _____   日期 _____

使用RDW流程求解以下习题。

1. 该表显示了派对礼品的成本。每个派对来宾将收到一袋1个气球，1个棒棒糖和1个手镯。9位客人总共要花多少钱？

物品	成本
1个气球	26美分
1个棒棒糖	14美分
1条手链	33美分

2. 特纳一家每天使用548升水。希尔一家每天的用水量是特纳家的三倍。希尔一家人每周要用多少水？

3. 杰登有347颗弹珠。埃尔维斯的数量是杰登的四倍。普雷斯利比埃尔维斯的数量少799。普雷斯利有多少颗弹珠？

第十二课： 解决两步文字题，包括乘法比较。

4. a. 编写一个方程，使某人可以求出R的值。

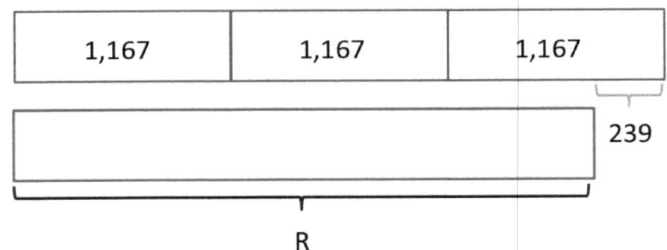

b. 写下与带形图相对应的自己的文字题，然后求解。

姓名 _____ 日期 _____

使用RDW流程求解以下习题。

珍妮佛有256个珠子。斯特拉的珠子是詹妮弗的3倍。蒂亚比斯特拉多出104颗珠子。蒂亚有多少个珠子？

姓名 _____ 日期 _____

使用RDW流程解题。

1. 夏天7个星期每个星期的收入为180美元。她这笔钱的375美元花在新电脑上、137美元花来买衣服。她剩下多少钱了？

2. 西尔维亚出生时重8磅。过了一年，她的体重增加了两倍。到她的第二个生日，她又增加了12磅。当时，西尔维亚的父亲体重是她的5倍。西尔维亚和她父亲的总体重是多少？

3. 将三个各重128磅的盒子和一个重254磅的盒子装到空卡车的后部。然后将一箱苹果装到同一辆卡车上。如果装在卡车上的总重量为2,000磅,那么一箱苹果多重?

4. 在一个月的时间里,查理阅读了814页。在同一个月,他妈妈的阅读量是查理的4倍,比查理的父亲多143页。查理和他父母的总阅读量是多少?

姓名 _____   日期 _____

使用RDW流程解题。

1. 迈克尔一个小时赚9美元。他每周工作28个小时。他在6周内赚多少钱？

2. 大卫一个小时赚8美元。他每周工作40个小时。他在6周内赚多少钱？

3. 6周后，谁赚的钱多？多了多少？

泰勒种土豆,燕麦和玉米。他种了23英亩的土豆。他种植的燕麦是土豆的3倍,玉米是燕麦的4倍。泰勒总共种了多少英亩土豆、燕麦和玉米?

阅读　　　　绘画　　　　编写

第十四课：　　用余数求解除法文字题。

姓名 _____ 日期 _____

使用RDW流程求解以下习题。

1. 有19条相同的袜子。有几双袜子？有没有袜子缺乏配对？如果有的话，有多少？

2. 如果制作蝴蝶结需要8英寸的一条丝带，那么3英尺的丝带可以制作多少个蝴蝶结（1英尺 = 12英寸）？会剩下丝带吗？如果会的话，会剩下多少？

3. 图书馆有27把椅子和5张桌子。如果每张桌子放置相同数量的椅子，那么每张桌子可以放置多少把椅子？会有剩下的椅子吗？如果会的话，会剩下多少？

4. 面包师有42千克面粉。她每天使用8千克。她要等几天再买面粉?

5. 迦勒有76个苹果。他想烤很多馅饼。如果每个馅饼需要8个苹果,他将使用多少个苹果? 还剩下多少苹果?

6. 四十五人在去海滩。每辆面包车可坐7个人。要使每个人都到海滩,需要多少辆面包车?

姓名 _____   日期 _____

使用RDW流程求解以下习题。

53名学生在去野外旅行。,学生6人一组。会有多少6名学生的组?嘞如果其余的学生组成一个较小的组,并且每组分配一个陪同人员,那么总共需要多少个陪伴人员?

钱德拉打印了38张照片放入她的剪贴簿。如果她可以在每页上贴上4张照片,她将使用几页放置照片?

阅读　　　　绘画　　　　编写

姓名 _____   日期 _____

使用阵列说明除法。	使用面积模型说明除法。
1. $18 \div 6$ 商数 = _____ 余数 = _____	 可以用一个矩形说明 $18 \div 6$ 吗？ _____
2. $19 \div 6$ 商数 = _____ 余数 = _____	 可以用一个矩形说明 $19 \div 6$ 吗？ _____ 你怎么解释余数呢？

第十五课： 使用阵列和面积模型理解并求解带余数的除法题。

使用阵列和面积模型求解。第一道题已经完成了。

例题：25 ÷ 2

　　a. ·················
　　　商 = 12　余数 = 1

　　b. 　　　　　12
　　　　2 ▭

3. 29 ÷ 3

　　a.　　　　　　　　　　　b.

4. 22 ÷ 5

　　a.　　　　　　　　　　　b.

5. 43 ÷ 4

　　a.　　　　　　　　　　　b.

6. 59 ÷ 7

　　a.　　　　　　　　　　　b.

单位的故事　　　　　　　　　　　　　　　　　第十五课课堂反馈条　4•3

姓名 _____　　　日期 _____

使用阵列和面积模型求解。

1. 27 ÷ 5

   a.   b.

2. 32 ÷ 6

   a.   b.

第十五课：　使用阵列和面积模型理解并求解带余数的除法题。

姓名 _____ 日期 _____

使用磁盘说明除法。将你在位值图表上的解题方法与长除法相关联。通过使用乘法和加法来检查商和余数。

1. 7 ÷ 2

个位数

2 ⟌ 7

检查解题方法

$$\begin{array}{r} 3 \\ \times\ 2 \\ \hline \end{array}$$

商 = _____

余数 = _____

2. 27 ÷ 2

十位数	个位数

2 ⟌ 27

检查解题方法

商数 = _____

余数 = _____

第十六课： 通过使用位值磁盘，理解并求解余数为个位的两位数被除数的除法题。

单位的故事　　　　　　　　　　　　　　　　　　　　　　　　　　　　第十六课习题集　4•3

3. 8 ÷ 3

个位数

3 ⟌ 8

检查解题方法

商数 = _____

余数 = _____

4. 38 ÷ 3

十位数	个位数

3 ⟌ 38

检查解题方法

商数 = _____

余数 = _____

100　　第十六课：　通过使用位值磁盘，理解并求解余数为个位的两位数被除数的除法题。

单位的故事　　　　　　　　　　　　　　　　　　　　　　　　　第十六课习题集　4•3

5. 6 ÷ 4

个位数

4 ⟌ 6

检查解题方法

商数 = _____

余数 = _____

6. 86 ÷ 4

十位数	个位数

4 ⟌ 86

检查解题方法

商数 = _____

余数 = _____

第十六课：　通过使用位值磁盘，理解并求解余数为个位的两位数被除数的除法题。

101

单位的故事　　　　　　　　　　　　　　　　　　　　　第十六课课堂反馈条　4•3

姓名 _____　　日期_____

使用磁盘说明除法。将你在位值图表上的解题方法与长除法相关联。用乘法和加法来检查商和余数。

1. 5 ÷ 3

个位数

3) 5

检查解题方法

商数 = _____

余数 = _____

2. 65 ÷ 3

十位数	个位数

3) 6 5

检查解题方法

商数 = _____

余数 = _____

第十六课：　通过使用位值磁盘，理解并求解余数为个位的两位数被除数的除法题。

十位数	个位数

十位数位值图表

第十六课： 通过使用位值磁盘，理解并求解余数为个位的两位数被除数的除法题。

单位的故事 第十七课应用题 4•3

奥黛丽和她的妹妹发现9角钱和8美分。如果他们平均分配钱,每人得到多少钱?

_____

_____

_____

_____

阅读　　　　绘画　　　　编写

第十七课：　表示并求解除法题,需要分解十位数的余数。

107

姓名 _____ 日期 _____

使用磁盘说明除法。将你的模型与长除法相关联。用乘法和加法来检查商和余数。

1. 5 ÷ 2

个位数

   2) 5

   检查解题方法

   　　2
   × 　2
   ─────

   商数 = _____

   余数 = _____

2. 50 ÷ 2

十位数	个位数

   2) 5 0

   检查解题方法

   商数 = _____

   余数 = _____

第十七课： 表示并求解除法题，需要分解十位数的余数。

3. 7 ÷ 3

个位数

3 ⟌ 7

检查解题方法

商数 = _____

余数 = _____

4. 75 ÷ 3

十位数	个位数

3 ⟌ 7 5

检查解题方法

商数 = _____

余数 = _____

单位的故事

第十七课习题集 4•3

5. 9 ÷ 4

个位数

4 ⟌ 9

检查解题方法

商数 = _____

余数 = _____

6. 92 ÷ 4

十位数	个位数

4 ⟌ 9 2

检查解题方法

商数 = _____

余数 = _____

第十七课：　　表示并求解除法题，需要分解十位数的余数。

单位的故事 第十七课课堂反馈条 4•3

姓名 _____ 日期 _____

使用磁盘说明除法。将你的模型与长除法相关联。用乘法和加法来检查商。

1. 5 ÷ 4

个位数

4) 5

检查解题方法

商数 = _____

余数 = _____

2. 56 ÷ 4

十位数	个位数

4) 5 6

检查解题方法

商数 = _____

余数 = _____

第十七课: 表示并求解除法题，需要分解十位数的余数。

马洛里的家人要去买橘子。大市场3磅橙子的价格为87美分。大市场1磅的橙子要多少钱?

阅读　　　　绘画　　　　编写

第十八课：　　求出整数商和余数。

姓名 _____ 日期 _____

使用标准算法求解。用乘法和加法来检查商和余数。

1. $46 \div 2$	2. $96 \div 3$
3. $85 \div 5$	4. $52 \div 4$
5. $53 \div 3$	6. $95 \div 4$

第十八课： 求出整数商和余数。

7. 89 ÷ 6

8. 96 ÷ 6

9. 60 ÷ 3

10. 60 ÷ 4

11. 95 ÷ 8

12. 95 ÷ 7

姓名 _____   日期 _____

使用标准算法求解。用乘法和加法来检查商和余数。

1. 93 ÷ 7

2. 99 ÷ 8

单位的故事　　　　　　　　　　　　　　　　　　　　　　　　　　　第十九课应用题　4•3

两个朋友开始做生意，写作漫画并出售。1个月后，他们获得了$38。说明他们如何使用1美元，5美元，10美元和20美元的钞票平均地分享自己的收入。

阅读　　　　绘画　　　　编写

第十九课：　　通过使用位值理解和模型来解释余数。

姓名 _____   日期 _____

1. 如果将94除以3，则余数为1。使用位值磁盘对此题进行建模。在位值磁盘模型中，你怎么说明余数？

2. 开曼说94 ÷ 3是30，余数为4。他认为这是对的，因为 (3 × 30) + 4 = 94。
   开曼犯了什么错误？怎么纠正他的错误？

3. 位值磁盘模型显示72 ÷ 3。完成模型。解释十位数列中剩余的1个十是怎么回事。

4. 两个朋友平均分享56美元。

   a. 他们有5张10美元的钞票和6张1美元的钞票。画一幅画，说明如何分享钞票。他们有没有一个阶段需要改变他们的分享方式？

   b. 说明他们如何平均分配钱。

5. 想象一下，你正在拍摄视频，向新的四年级学生解释习题45÷3。写一个剧本，说明在第一步得到一个十的余数后如何继续做除法。

姓名 _____ 日期 _____

1. 莫莉的相册共有97张照片。相册的每一页均包含6张照片。莫莉可以填满多少页？会剩下照片吗？如果会的话，会剩下多少？使用位值磁盘来求解。

2. 玛蒂的相册共有45张照片。每页包含4张照片。她说她只能完全填满10页。你同意吗？为什么？

第十九课： 通过使用位值理解和模型来解释余数。

编写表达式以求出每个矩形的未知长度。然后，求出两个未知长度的和。

a. 4厘米 | 40平方厘米 | 8平方厘米

b. 4厘米 | 80平方厘米 | 16平方厘米

阅读　　　绘画　　　编写

姓名 _____   日期 _____

1. 阿方索通过绘制面积模型解决了除法题。

   a. 看看面积模型。阿方索求解的是说明除法题？

   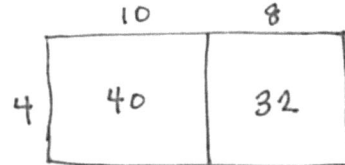

   b. 显示一个数字键以代表阿方索的面积模型。从合计开始，说明如何将合计分为两部分。在这两部分下面，使用分配律表示总长度，并求解。

   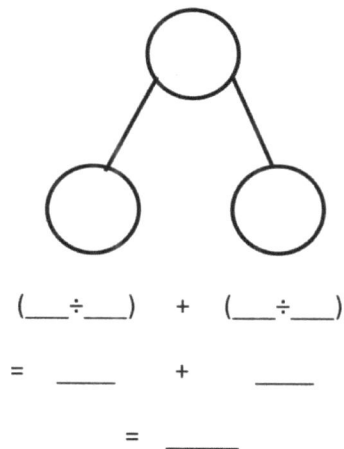

   (___÷___) + (___÷___)

   = _____   +   _____

              = _____

2. 使用面积模型求解 45 ÷ 3。绘制一个数字键，并使用分配律来求解未知长度。

3. 使用面积模型求解64 ÷ 4。绘制数字键以说明如何划分面积,并使用书面方法表示该除法。

4. 使用面积模型求解92 ÷ 4。使用文字,图片或数字来说明将分配律与面积模型相关联。

5. 使用面积模型和标准算法求解72 ÷ 6。

姓名 _____ 日期 _____

1. 托妮绘制了以下面积模型以求出未知长度。他为哪个除法方程建模？

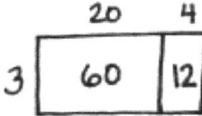

2. 使用面积模型、数字键和书面方法来求解42 ÷ 3。

矩形的面积为36个平方单位，宽度为2个单位。未知边长是多少？

阅读　　　　绘画　　　　编写

姓名 _____ 日期 _____

1. 使用面积模型求解37 ÷ 2。使用长除法和分配律来记录你的解题方法。

2. 使用面积模型求解76 ÷ 3。使用长除法和分配律来记录你的解题方法。

3. 卡罗莱纳通过绘制面积模型解决了以下除法题。

   a. 她求解的是除法题吗？

   b. 说明如何使用分配律来表示卡罗莱纳的模型。

使用面积模型求解以下习题题。使用长除法或分配律来创造面积模型。

4. 48 ÷ 3

5. 49 ÷ 3

6. 56 ÷ 4

7. 58 ÷ 4

8. 66 ÷ 5

9. 79 ÷ 3

10. 七十三名学生分为6人一组。有多少个学生在6人的组？有多少学生不是6人一组？

姓名 _____ 日期 _____

1. 凯尔绘制了以下面积模型以求出未知长度。他为哪个除法方程建模？

   $$2\ |\ 40\ |\ 18\ |\ \leftarrow \text{平方单位}$$

2. 使用面积模型，长除法和分配律来求解93 ÷ 4。

8 × _____ = 96。求出未知边长或因数。使用面积模型解题。

阅读　　　绘画　　　编写

姓名 _____   日期 _____

1. 将已知数字的因子记录为乘法算式和列表，顺序为从小到大。将每个分类为素数(P)或合数(C)。第一道题已经完成了。

	乘法算式	因数	P或C
a.	4 1 × 4 = 4 2 × 2 = 4	4的因数是： 1, 2, 4	C
b.	6	6的因数是：	
c.	7	7的因数是：	
d.	9	9的因数是：	
e.	12	12的因数是：	
f.	13	13的因数是：	
g.	15	15的因数是：	
h.	16	16的因数是：	
i.	18	18的因数是：	
j.	19	19的因数是：	
k.	21	21的因数是：	
l.	24	24的因数是：	

第二十二课：　求出数字到100的因子对，并使用对因子的理解来定义素数和合数。

2. 求出以下数字的所有因子，并将每个数字分为素数或合数。解释每个分类为素数或合数的理由。

25的因子对	

28的因子对	

29的因子对	

3. 布莱恩说，所有素数都是奇数。

   a. 按数字顺序列出所有小于20的素数。

   b. 使用清单说明布莱恩的主张是错误的。

4. 希拉有28张贴纸，平均分配给3个朋友。她认为不会有剩余。用你对因数的理解解释希拉对不对。

单位的故事　　　　　　　　　　　　　　　　　　　　　　　　第二十二课课堂反馈条　4•3

姓名 _____　　　日期 _____

将已知数字的因子记录为乘法算式和列表，顺序为 从小到大。将每个分类为素数（P）或合数（C）。

		乘法算式	因数	素数（P）或合数（C）
a.	9		9的因数是：	
b.	12		12的因数是：	
c.	19		19的因素是：	

第二十二课：　求出数字到100的因子对，并使用对因子的理解来定义素数和合数。

萨沙说，二十几中的每个数字都是一个合数，因为2是偶数。阿曼达说，二十几的数字有两个素数。谁是对的？你怎么知道的？

_____

_____

阅读　　　　绘画　　　　编写

姓名 _____ 日期 _____

1. 说明你的想法或使用除法来解答以下习题。

a. 2是84的因数吗？	b. 2是83的因数吗？
c. 3是84的因数吗？	d. 2是92的因数吗？
e. 6是84的因数吗？	f. 4是92的因数吗？
g. 5是84的因数吗？	h. 8是92的因数吗？

2. 使用结合律求出更多的24和36因子。

   a. 24 = 12 × 2

       = (___ × 3) × 2

       = ___ × (3 × 2)

       = ___ × 6

       = ___

   b. 36 = ___ × 4

       = (___ × 3) × 4

       = ___ × (3 × 4)

       = ___ × 12

       = ___

3. 上课时，我们使用结合律说明当6是一个因子时，则2和3也是因子，因为6 = 2 × 3。使用因子8 = 4 × 2表示2和4是56、72和80的因子。

   $$56 = 8 \times 7 \qquad 72 = 8 \times 9 \qquad 80 = 8 \times 10$$

4. 第一条陈述错误。第二条陈述正确。用文字，图片或数字说明原因。
   如果一个数字有2和4作为因子，那么8也是它的因子。
   如果一个数字有8的因数，则2和4都是因数。

姓名 _____   日期 _____

1. 说明你的想法或使用除法来解答以下习题。

a. 2是34的因数吗?	b. 3是34的因数吗?
c. 4是72的因数吗?	d. 3是72的因数吗?

2. 使用结合律说明以下陈述为何正确。
   以9为因数的任何数字也以3为因数。

8厘米 × 12厘米 = 96平方厘米。想象一个面积为96平方厘米、边长为4厘米的矩形。矩形未知边的长度是多少？与8厘米乘12厘米的矩形相比，哪个矩形大？绘制并标记两个矩形。

阅读　　　　绘画　　　　编写

姓名 _____ 日期 _____

1. 对于以下各项，请自己计时1分钟。看看你在一分钟内可以写多少个倍数。

   a. 写5的倍数，从100开始。

   b. 从20开始写下4的倍数。

   c. 从36开始写下6的倍数。

2. 列出以24为倍数的数字。

3. 使用心算数学，除法或结合律求解。（如果需要，可以使用草稿纸。）

   a. 12是4的倍数吗？ _____   4是12的因数吗？ _____

   b. 42是8的倍数吗？ _____   8是42的因数吗？ _____

   c. 84是6的倍数吗？ _____   6是84的因数吗？ _____

4. 质数可以是除自身以外的任何其他数的倍数吗？为什么？

5. 按照下面的指示来解题。

1	2	3	4	5	6	7	8	9	10
11	12	13	14	15	16	17	18	19	20
21	22	23	24	25	26	27	28	29	30
31	32	33	34	35	36	37	38	39	40
41	42	43	44	45	46	47	48	49	50
51	52	53	54	55	56	57	58	59	60
61	62	63	64	65	66	67	68	69	70
71	72	73	74	75	76	77	78	79	80
81	82	83	84	85	86	87	88	89	90
91	92	93	94	95	96	97	98	99	100

a. 用红色的笔圈出2的倍数。如果数字是2的倍数，则可能的一位数的值是多少？

b. 以绿色着色3的倍数。选择其中一个。罂数字的和有什么特别之处？选择另一个。数字的和有什么特别之处？

c. 用蓝色圈出5的倍数。如果数字是5的倍数，则可能的一位数的值是多少？

d. 在10的倍数上写下X。10的所有倍数有什么共同点？

姓名 _____ 日期 _____

1. 填写11的未知倍数。

    5 × 11 = _____

    6 × 11 = _____

    7 × 11 = _____

    8 × 11 = _____

    9 × 11 = _____

2. 跳过计数来完成倍数模式。

    7, 14 _____, 28 _____, _____, _____, _____, _____,

3. a. 列出以18为倍数的数字。

   b. 18的因子是什么?

   c. 你的两个列表相同吗? 为什么?

第二十四课: 确定整数是否为另一个数字的倍数。

姓名 _____   日期 _____

1. 按照指示来解题。

   将数字1涂为红色。

   a. 圈出第一个未标记的数字。

   b. 划掉该数字的每一个倍数，但所圈出的除外。如果已经删除，请跳过。

   c. 重复步骤 (a) 和 (b)，直到每个数字都被圈出或划掉为止。

   d. 用橙色着色每个划掉的数字。

1	2	3	4	5	6	7	8	9	10
11	12	13	14	15	16	17	18	19	20
21	22	23	24	25	26	27	28	29	30
31	32	33	34	35	36	37	38	39	40
41	42	43	44	45	46	47	48	49	50
51	52	53	54	55	56	57	58	59	60
61	62	63	64	65	66	67	68	69	70
71	72	73	74	75	76	77	78	79	80
81	82	83	84	85	86	87	88	89	90
91	92	93	94	95	96	97	98	99	100

第二十五课： 通过使用倍数，探讨质数和合数到100的特性。

2. a. 列出圈出的数字。

   b. 为什么其中没有划掉圈出的数字？

   c. 除了1，所有被划掉的数字有什么共同点？

   d. 所有圈出的数字有什么共同点？

姓名 _____ 日期 _____

使用以下日历完成以下操作：

1. 划掉所有合数。
2. 圈出所有素数。
3. 列出所有剩余的数字。

星期日	星期一	星期二	星期三	星期四	星期五	星期六
					1	2
3	4	5	6	7	8	9
10	11	12	13	14	15	16
17	18	19	20	21	22	23
24	25	26	27	28	29	30
31						

第二十五课： 通过使用倍数，探讨质数和合数到100的特性。

一家咖啡厅使用8盎司的杯子制作所有咖啡饮料。在一周内,他们供应了30杯意式浓缩咖啡,400杯拿铁和5,000杯咖啡。那一周他们制作了几盎司的咖啡饮料?

阅读　　　　绘画　　　　编写

单位的故事

姓名 _____ 日期 _____

1. 绘制位值磁盘以表示以下习题。用单元形式重写每个并求解。

   a. 6 ÷ 2 = _____

      6个一 ÷ 2 = _____ 个一

      ① ① ①　① ① ①

   b. 60 ÷ 2 = _____

      6个十 ÷ 2 = _____

   c. 600 ÷ 2 = _____

      _____ ÷ 2 = _____

   d. 6,000 ÷ 2 = _____

      _____ ÷ 2 = _____

2. 绘制位值磁盘以表示每道习题。用单元形式重写每个并求解。

   a. 12 ÷ 3 = _____

      12个一 ÷ 3 = _____ 个一

   b. 120 ÷ 3 = _____

      _____ ÷ 3 = _____

   c. 1,200 ÷ 3 = _____

      _____ ÷ 3 = _____

3. 求出商数。用单位形式重写每个。

a. $800 \div 2 = 400$ 8个一百 ÷ 2 = 四百	b. $600 \div 2 =$ _____	c. $800 \div 4 =$ _____	d. $900 \div 3 =$ _____
e. $300 \div 6 =$ _____ 30个十 ÷ 6 = _____ 个十	f. $240 \div 4 =$ _____	g. $450 \div 5 =$ _____	h. $200 \div 5 =$ _____
i. $3,600 \div 4 =$ _____ 36个一百 ÷ 4 = _____ 个一百	j. $2,400 \div 4 =$ _____	k. $2,400 \div 3 =$ _____	l. $4,000 \div 5 =$ _____

4. 一些沙子重达2800千克。它在4辆卡车中平均分配。每辆卡车有多少千克沙子？

5. 艾薇的贴纸数量是艾德里安的5倍。艾薇有350个贴纸。阿德里安有几张贴纸？

6. 一个冰淇淋摊位在周六售出了价值1600美元的冰淇淋，是星期五售出价值的4倍。星期五冰淇淋摊赚了多少钱？

姓名 _____ 日期 _____

1. 求出商数。用单位形式重写每个数字。

| a. 600 ÷ 3 = 200

6个一百÷3 =
_____ 个一百 | b. 1,200 ÷ 6 = _____ | c. 2,100 ÷ 7 = _____ | d. 3,200 ÷ 8 = _____ |

2. 哈德森和他的7个朋友发现了一袋美分硬币。有320美分，他们平均分配。每个人有多少美分？

个位数	
十位数	
百位数	
千位数	

除法千位数位值图表

第二十六课: 将10,100和1,000的倍数除以一位数字。

艾玛从她的收藏中拿出57张贴纸,并将贴纸平均分配给她的4个朋友。每个朋友会收到几张贴纸?艾玛把剩下的贴纸放回她的收藏。艾玛会把多少张贴纸放回收藏?

阅读　　　　绘画　　　　编写

姓名 _____ 日期 _____

1. 用除法来解题。먦使用位值磁盘为每道习题建模。

a. 324 ÷ 2

b. 344 ÷ 2

第二十七课： 用最多三位数的被除数和位值磁盘表示和求解除法题，要求分解百位数位置的余数。

c. 483 ÷ 3

d. 549 ÷ 3

2. 使用位值磁盘建模并使用算法进行记录。

a. 655 ÷ 5
   磁盘   算法

b. 726 ÷ 3
   磁盘   算法

c. 688 ÷ 4
   磁盘   算法

单位的故事　　　　　　　　　　　　　　　　　　　　　　　　第二十七课课堂反馈条　4•3

姓名 _____　　　日期 _____

用除法解题。使用位值磁盘为每道习题建模。然后，使用该算法求解。

1. 423 ÷ 3

   磁盘　　　　　　　　　　　　　　　　　算法

2. 564 ÷ 4

   磁盘　　　　　　　　　　　　　　　　　算法

第二十七课：　用最多三位数的被除数和位值磁盘表示和求解除法题，要求分解百位数位置的余数。

181

用846÷2写一道文字题。然后,绘制随附的带形图并求解。

阅读　　　　　绘画　　　　　编写

姓名 _____   日期 _____

1. 用除法解题。用乘法检查看你的答案对不对。在位值图表上绘制磁盘。

a. 574 ÷ 2

b. 861 ÷ 3

c. 354 ÷ 2

d. 354 ÷ 3

e. 873 ÷ 4

f. 591 ÷ 5

g. 275 ÷ 3

h. 459 ÷ 5

i. 678 ÷ 4

j. 955 ÷ 4

2. 扎克用苹果酒装满了581瓶一升的苹果酒。他将瓶子分发到4家商店。每个商店都收到相同数量的瓶子。每个商店收到的瓶子是多少升？会剩余的瓶子吗？如果有的话，会有多少？

单位的故事　　　　　　　　　　　　　　　　　　　　　　　　　　第二十八课课堂反馈条　4•3

姓名 _____　　　　日期 _____

1. 用除法解题。用乘法检查看答案对不对。在位值图表上绘制磁盘。

a.　776 ÷ 2	b.　596 ÷ 3

2. 一箱牛奶包含128盎司。萨拉的儿子每顿饭喝4盎司牛奶。多少箱牛奶将提供多少4盎司份量的牛奶？

第二十八课：　用三位数的被除数分别除以除数2、3、4和5来表示和求解。

珍妮特用4英尺长的缎带装饰每个枕头。缎带每卷为225英尺。她用一卷丝带可以装饰多少个枕头？会剩下彩带吗？

阅读　　　　绘画　　　　编写

姓名 _____ 日期 _____

1. 除以，然后使用乘法检查你的答案。

a. 1,672 ÷ 4

b. 1,578 ÷ 4

c. 6,948 ÷ 2

第二十九课： 以数字表示用四位数的被除数分别除以除数为2、3、4和5，将余数分解三次。

d. 8,949 ÷ 4

e. 7,569 ÷ 2

f. 7,569 ÷ 3

g. 7,955 ÷ 5

h. 7,574 ÷ 5

i. 7,469 ÷ 3

j. $9{,}956 \div 4$

2. 农场里的牛是羊的两倍。牛和羊加在一起一共有1116条腿。农场里有多少羊？

姓名 _____ 日期 _____

1. 除以，然后使用乘法检查看答案对不对。

| a. 1,773 ÷ 3 | b. 8,472 ÷ 5 |

2. 邮局的4种邮票每种都有相等的数量。共有邮票1,784张。邮局每种邮票有多少张？

商店想将1455瓶果汁装入每包4瓶的包装中。他们可以制作多少个完整的包装？他们还需要几瓶再组成一个包装？

阅读　　　绘画　　　编写

第三十课：　　用被除数为零或商为零求解除法题。

姓名 _____ 日期 _____

用除法解题。用乘法检查看答案对不对。

1. 204 ÷ 4

2. 704 ÷ 3

3. 627 ÷ 3

4. 407 ÷ 2

5. 760 ÷ 4

6. 5,120 ÷ 4

7. 3,070 ÷ 5

8. 6,706 ÷ 5

9. 8,313 ÷ 4

10. 9,008 ÷ 3

11. a. 求出3,131÷3的商数和余数。

b. 如果想避免出现余数，怎么改位数？说明如何确定答案。

姓名 _____ 日期 _____

用除法来解题。用乘法检查答案对不对。

1. 380 ÷ 4

2. 7,040 ÷ 3

1,624件衬衫需要平均分为4组。每组有几件衬衫？

阅读　　　绘画　　　编写

姓名 _____ 日期 _____

画一个带形图并求解。前两个带形图已经完成了。识别是否组的大小或组数未知。

1. 宴会上，莫妮克每桌确切需要4个盘子。如果她有312盘，那她要准备多少张桌子？

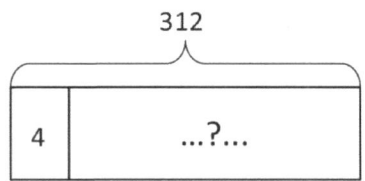

2. 向一所小学捐赠了2365本书。如果5个教室平均分配书籍，那么每个班级收到多少本书？

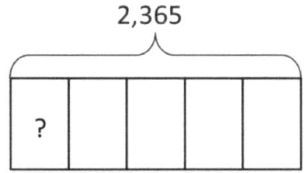

3. 如果将1503千克大米装入麻袋，每麻袋3千克，那么要装多少麻袋？

4. 丽塔制作了5批饼干。总共有2,400个饼干。如果每个批次包含同样数量的饼干，那么4个批次中有多少个饼干？

5. 每天，莎拉开车到公司和回家的距离都是相同的。如果莎拉5天内行驶了1,005英里，那么莎拉在3天内行驶了多远？

姓名 _____ 日期 _____

求解以下习题。使用带形图来解题。确定组的大小或组数是否未知。

1. 572辆车停在了停车场。每一楼层停放了相同数量的汽车。如果有4层，则每层停放了多少辆车？

2. 将356千克面粉装入麻袋，到每袋2千克。包装了多少袋麻袋？

使用带形图写一个除法文字题，以求解未知数，即4,194中3的总数。

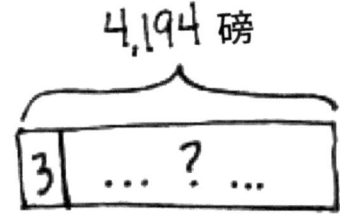

阅读　　　　　绘画　　　　　编写

姓名 _____ 日期 _____

求解以下习题。使用带形图来解题。如果有剩余,则在带状图的一小部分着色以代表其整个部分。

1. 音乐厅包含8个座位区,每个区中座位数均相同。如果有248个席位,每区有多少个席位?

2. 在一天之内,面包店制作了719块百吉饼。百吉饼分成9等份运送。剩下少数百吉饼,交给面包师。面包师得到多少百吉饼?

3. 这家糖果店里有614块糖果。他们将糖果装在袋子里,每个袋子有7块。他们装了几袋糖果?还剩下几块糖果?

4. 一共有904个孩子报名参加接力赛。如果每个小组有6个孩子，一共组成了多少个小组？其余的孩子担任裁判。有多少孩子担任裁判？

5. 将1,188千克大米分成7袋。6袋大米中有多少千克大米？剩下多少千克大米？

姓名 _____   日期 _____

求解以下习题。使用带形图来解题。如果有剩余，则在带状图的一小部分着色以代表其整个部分。

1. 富特先生为胡佛小学的每个四年级学生需要确切6个文件夹。如果他买了726个文件夹，他可以给多少学生提供文件夹？

2. 泰伦斯太太有一个大桶，里面有236个蜡笔。她将蜡笔平均分配到四个容器中。泰伦斯太太的每个容器有几支蜡笔？

编写方程式以求出每个矩形的未知长度。然后，求出两个未知长度的和。

| 3米 | 600平方米 | | 3米 | 72平方米 |

阅读　　　　绘画　　　　编写

姓名 _____   日期 _____

1. 厄休拉通过绘制面积模型求解了以下除法题。

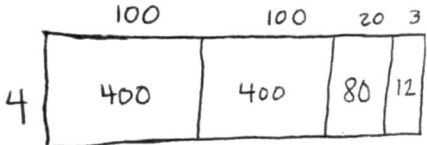

   a. 她在解什么题？

   b. 显示数字键以代表厄休拉的面积模型，并使用分配律表示总长度。

---

2. a. 使用面积模型求解960÷4。这道题没有余数。

   b. 画一个数字键，并使用长除法算法记录你在(a)部分中的解题方法。

3. a. 画一个面积模型求解774÷3。

   b. 画一个数字键来代表这道题。

   c. 使用长除法算法记录你的解题方法。

---

4. a. 画一个面积模型求解1,584÷2。

   b. 画一个数字键来代表这道题。

   c. 使用长除法算法记录你的解题方法。

姓名 _____   日期 _____

1. 安娜通过绘制面积模型求解了以下除法题。

   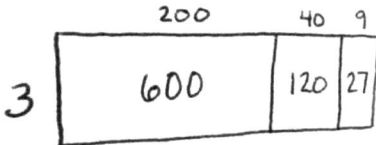

   a. 她在解什么题？

   b. 显示一个数字键以表示安娜的面积模型，并使用分配律表示总长度。

2. a. 画一个面积模型求解 1,368÷2。

   b. 画一个数字键来代表这道题。   c. 使用长除法算法记录你的解题方法。

戈金斯先生在他的花园里种了10行豆，10行南瓜，10行西红柿和10行黄瓜。他每行放置22株植物。绘制一个面积模型，标记每个部分，然后编写一个表示花园中植物总数的表达式。

阅读　　　　绘画　　　　编写

姓名 _____ 日期 _____

1. 使用结合律重写每个表达式。使用磁盘求解，然后完成数字算式。

   a. 30 × 24

      = (____ × 10) × 24

      = ____ × (10 × 24)

      = _____

百位数	十位数	个位数

   b. 40 × 43

      = (4 × 10) × _____

      = 4 × (10 × ____)

      = _____

千位数	百位数	十位数	个位数

   c. 30 × 37

      = (3 × ____) × _____

      = 3 × (10 × _____)

      = _____

千位数	百位数	十位数	个位数

第三十四课： 使用位值图表将10的两位数倍数乘以两位数的数字。

2. 使用结合律和位值磁盘进行求解。
   a. 20 × 27

   b. 40 × 31

3. 使用不含位值磁盘的结合律来求解。
   a. 40 × 34

   b. 50 × 43

4. 使用分配律求解以下习题。把第二个因子分配好。
   a. 40 × 34

   b. 60 × 25

姓名 _____   日期 _____

1. 使用结合律重写每个表达式。使用磁盘求解，然后完成数字算式。

    20 × 41

    ____ × ____ × ____ = ____

百位数	十位数	个位数

2. 将32分配为30 + 2，并求解。

    60 × 32

单位的故事　　　　　　　　　　　　　　　　　　　　　　　第三十五课应用题　4●3

凯蒂在一个月的30天里每天锻炼25分钟。凯蒂一共锻炼了多少分钟？使用位值图表求解。

千位数	百位数	十位数	个位数

_____

_____

_____

_____

　　　　　　　　　　　　阅读　　　　绘画　　　　编写

第三十五课：　　使用面积模型将10的两位数倍数乘以两位数的数字。　　　　231

姓名 _____ 日期 _____

使用面积模型来表示以下表达式。然后，记录部分乘积并求解。

1. 20×22

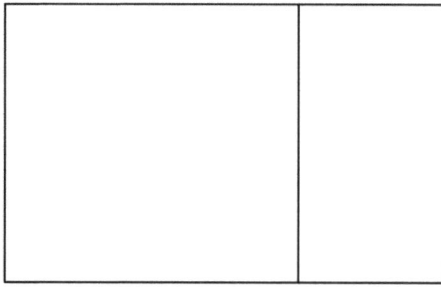

```
    2 2
×   2 0
_____

+ _____
=======
```

2. 50×41

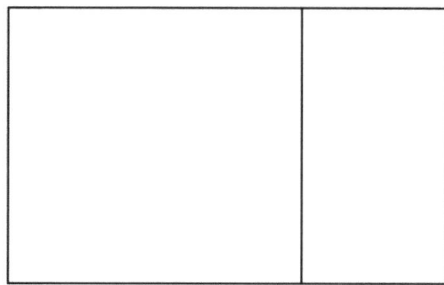

```
    4 1
×   5 0
_____

+ _____
=======
```

3. 60×73

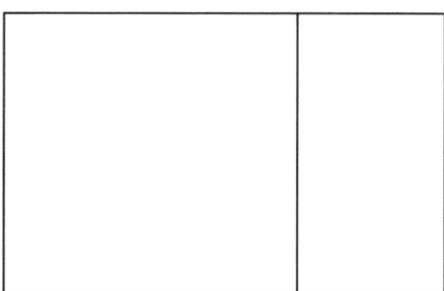

```
    7 3
×   6 0
_____

+ _____
=======
```

绘制一个面积模型来表示以下表达式。然后，垂直记录部分乘积并求解。

4. 80 × 32

5. 70 × 54

形象化面积模型，并以数字求解以下表达式。

6. 30 × 68

7. 60 × 34

8. 40 × 55

9. 80 × 55

姓名 _____   日期 _____

使用面积模型来表示以下表达式。然后,记录部分乘积并求解。

1. 30×93

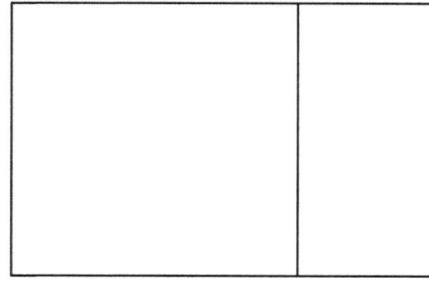

$$\begin{array}{r} 93 \\ \times\ 30 \\ \hline \\ +\ \underline{} \\ \hline \end{array}$$

2. 40×76

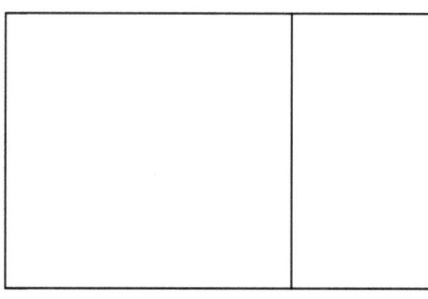

$$\begin{array}{r} 76 \\ \times\ 40 \\ \hline \\ +\ \underline{} \\ \hline \end{array}$$

戈金斯先生在体育馆里设置了30排椅子。如果每排有35把椅子，戈金斯先生设置了几把椅子？绘制一个面积模型来表示并帮助求解该题。

阅读　　　　绘画　　　　编写

姓名 _____ 日期 _____

1. a. 在下图所示的两个模型中，编写表达式以确定四个较小矩形中的面积。

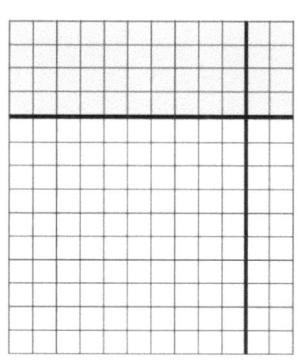 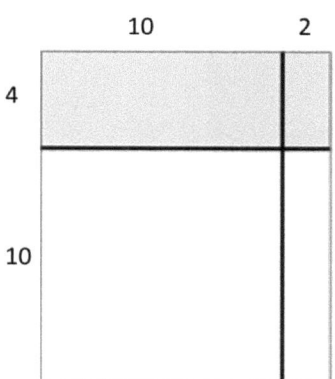

b. 使用分配律，将大矩形的面积重写为四个较小矩形的面积之和。首先以数字形式表达，然后以单位形式表达。

14 × 12 = (4 × ____) + (4 × ____) + (10 × ____) + (10 × ____)

2. 使用面积模型来表示以下表达式。记录部分乘积并求解。

14 × 22

```
    2 2
  ×  1 4
  _____
  _____
  _____
+ _____
```

绘制一个面积模型来表示以下表达式。垂直记录部分乘积并求解。

3. 25×32

4. 35×42

形象化面积模型，并使用四个部分乘积以数字求解以下习题。（如果有帮助，可以绘制面积模型。）

5. 42×11

6. 46×11

单位的故事

第三十六课课堂反馈条 4•3

姓名 _____   日期 _____

记录部分乘积以求解。

首先绘制一个面积模型来解题，或最后绘制一个面积模型以检查看答案对不对。

1. 26 × 43

2. 17 × 55

第三十六课： 使用四个部分乘积将两位数乘以两位数。

西尔维老师给全班同学一个挑战，说要画出一个面积模型来表示表达式24 × 56，然后使用部分乘积求解。西尔维求解的表达式如下。她的答案正确吗？为什么？

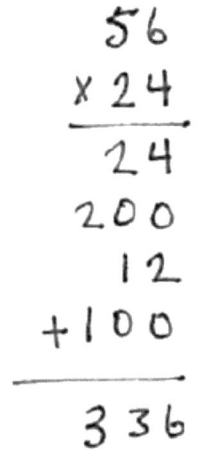
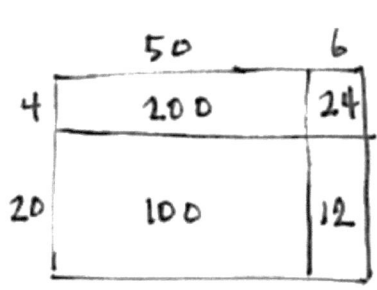

阅读　　　　绘画　　　　编写

姓名 _____ 日期 _____

1. 使用4个部分乘积和2个部分乘积求解14 × 12。求解时，请用单位进行思考。编写一个表达式以求出面积模型中每个较小矩形的面积。

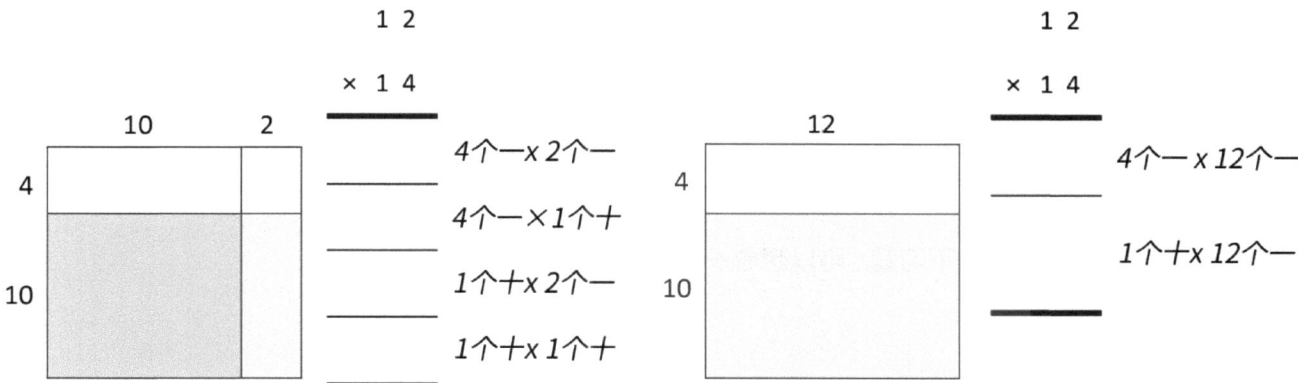

2. 使用4个部分乘积和2个部分乘积求解32 × 43。将每个部分乘积与其模型上的面积连接起来。解题时，请用单位进行思考。

3. 使用2个部分乘积求解57 × 15。将每个部分乘积与其在面积模型上的矩形匹配。

4. 使用2个部分乘积求解以下习题。可以想象一下面积模型。

   a.　　25
       ×　46
       ─────
           ___ × ___
       ─────
           ___ × ___
       ─────

   b.　　18
       ×　62
       ─────
           ___ × ___
       ─────
           ___ × ___
       ─────

   c.　　39
       ×　46
       ─────

   d.　　78
       ×　23
       ─────

姓名 _____   日期 _____

1. 使用4个部分乘积和2个部分乘积求解43 × 22。求解时，请用单位进行思考。编写一个表达式以求出面积模型中每个较小矩形的面积。

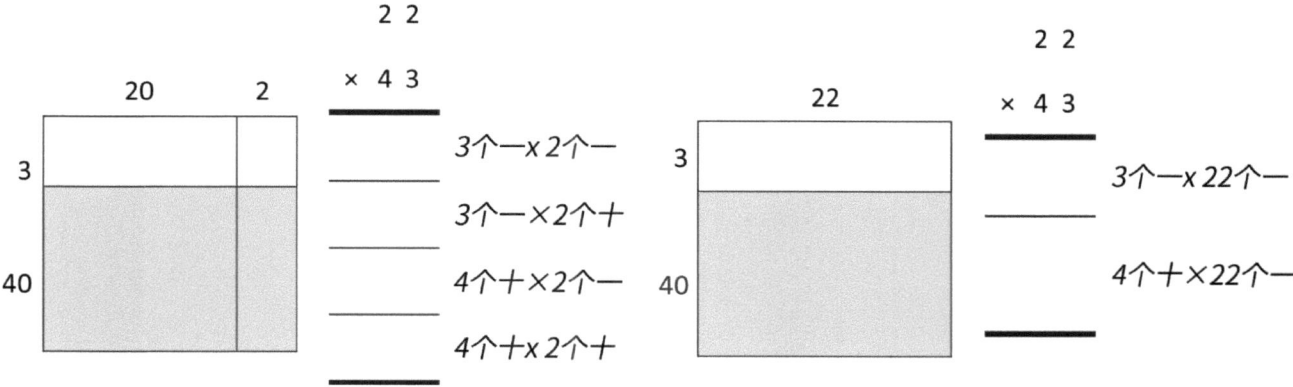

2. 使用2个部分乘积求解以下习题。

桑迪的花园每行有42株植物。她有2排黄玉米和20排白玉米。绘制一个面积模型（代表两个部分乘积），以显示花园中种植了多少黄玉米和白玉米。

___

___

___

___

阅读 绘画 编写

姓名 _____   日期 _____

1. 使用分配律将 23 × 54 表达为两个部分乘积并解题。

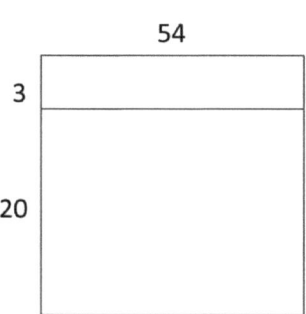

23 × 54 = (___ 五十四) + (___ 五十四)

```
    5 4
×   2 3
───────
         3 × _____
_____
        20 × _____
───────
```

2. 使用分配律将 46 × 54 表达为两个部分乘积并解题。

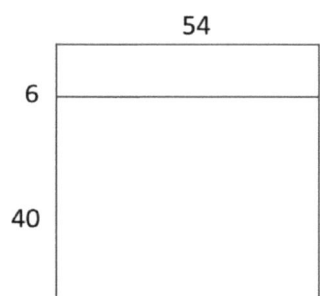

46 × 54 = (___ 五十四) + (___ 五十四)

```
    5 4
×   4 6
───────
         ___ × ___
_____
         ___ × ___
───────
```

3. 使用分配律将 55 × 47 表达为两个部分乘积并解题。

55 × 47 = (___ × ___) + (___ × ___)

```
    4 7
×   5 5
───────
         ___ × ___
_____
         ___ × ___
───────
```

4. 使用2个部分乘积求解以下习题。

```
      5 8
  ×   4 5
  ─────────
  _____   ____ × ____
  _____
  _____   ____ × ____
  ─────────
```

5. 使用乘法算法求解。

```
      8 2
  ×   5 5
  ─────────
  _____   ____ × ____
  _____
  _____   ____ × ____
  ─────────
```

6. 53 × 63

7. 84 × 73

单位的故事　　　　　　　　　　　　　　　　第三十八课课堂反馈条　4•3

姓名 _____　　　日期 _____

使用乘法算法求解。

1.

```
      7 2
   ×  4 3
   ───────
   _____      ____ × ____
   _____
   _____      ____ × ____
   ───────
```

2. 35 × 53

第三十八课：　从四个部分乘积转换为两位数乘以两位数乘法的标准算法。

鸣谢

Great Minds®竭尽全力获得转载所有版权教材的许可。如有任何版权材料的拥有人未在此获得认可,请联系 Great Minds,以在未来的版本以及本模块的重印中获得正确的认可。

Printed by Libri Plureos GmbH in Hamburg, Germany